AF313052

BRIEF
DISCOVRS

DE LA TEMPESTE, ET

fouldre aduenue en la cité de Londres en Angleterre, fur le grand temple & clocher nómé de fainct Paul,
le quatriefme Iuin, M. D. LX I.

A PARIS,

Par Guillaume Nyuerd, Imprimeur & Libraire, tenant
fa boutique ioignant le pont aux Muniers,
vers le Chaftellet:au bon Pafteur:

AVEC PRIVILEGE.

EXTRAICT DV
Priuilege.

Il est permis à Guillaume Nyuerd Imprimeur & Libraire à Paris, d'imprimer & exposer en véte *Le discours du grand deluge aduenu en la cité de Londres en Angleterre le quatriesme iour de Iuin an present.* Auec defenses à tous autres de n'imprimer, n'exposer en vente, sinon de ceulx qui auront esté imprimez par ledict Nyuerd, sur les peines contenues audict Priuilege.

Faict à Paris par deliberation du Conseil en la chambre criminelle, au Chastelet de Paris, le samedy douziesme iour de Iuillet, mil cinq cens soixante vn.

Signé   GOYER.

LE TRADVCTEVR
au Lecteur beneuole Salut.

Our-autant,
Amy lecteur, que le Sei-
gneur DIEV, amateur
& côseruateur des cho-
ses qu'il a créees, donne
souuent enseignes, & manifeste sa diuine
puissance par signes, prodiges, & choses
plus que naturelles, comme les exemples
nous en sont fort familiers & amples es
sainctes Escritures, tant du vieil que nou-
ueau Testament: faisant aucunesfois le feu
bruslant ministre & executeur de sa iustice
& vengeance. Il veut aussi par iceux nous
donner aduertissements, & appeler à re-
pentéce, nous manifestant par cela sa grãd'
bonté, & clemence, entant qu'il nous de-
clare la veheméce de sa fureur prochaine,
si recognoissans noz fautes, ne faisons pe-
nitence, amendans nostre vie peruerse: Ie
t'ay bien voulu mettre en nostre vulgaire
François, ce petit recit veritable, faict en

A ij

langue Angloife, du feu terrible, & fuper-
naturel tombé par fouldre du Ciel fur le
grand temple de fainct Paul de Londres,
ville metropolitaine d'Angleterre, le quatriefme iour de Iuin, mil cinq cens foixante
vn, auec le fommaire de l'exhortatió faicte
pour cefte caufe par l'Euefque de Duref-
me. Duquel tu pourras (à mon aduis) re-
cueillir quelque fruict, à la cognoiffance
de la grande, & inenarrable puiffance de
noftre bon D I E V, & de fon fecret iuge-
ment. Tu prendras donc s'il te plaift ce
mien petit labeur en gré: ce que cognoif-
fant, ie m'efforceray en toute autre chofe
que i'eftimeray pouuoir profiter à l'augmé
tation de la gloire de noftre bon D I E V,
& edification de fon Eglife, à ton aduance
ment & à la cognoiffance de fa bonté, ne
tenir caché foubs-terre ce talent qu'il m'a
laiffé, ains le mettray en euidence pour en
faire quelque profit. D I E V par fa bonté
immenfe te vueille conferuer en fa grace,
auquel feul foit honneur, & gloire.

RECIT VERITABLE

de la grand'tempeſte, & fouldre
aduenue en la cité de
Londres.

E MERCREDI
quatrieſme de Iuin,
en l'an de noſtre Sei
gneur Ieſus Chriſt,
mil cinq cĕs ſoixăte
& vn, & en l'an troi
ſieſme du regne d'Elizabeth, par la
grace de Dieu Royne d'Angleterre,
entre vne & deux heures apres midy,
fut veu vne merueilleuſe & grande
clarté de feu, & immediatement en-
ſuyuoit vn moult terrible, & hideux

A ii

esclat de tõnerre tel que souuent on
peut ouir,& estoit par estimation de
sens, directemét sur la Cité de Londres. Et au mesmes instant le coing
d'vne petite tour du clocher de l'egli
se S.Martin dedans Luthgate fut aba
tu,& plusieurs grosses pierres iectées
bas,& par la cheute d'icelles fut faict
vn trou au feste, ou sommet du tym
bre d'icelle Eglise.Plusieurs personn-
nes qui estoyent en la riuiere de Tha
mis, & aux champs prez & ioignans
ladicte Cité, & à l'heure de la susdicte tempeste,afferment qu'ilz virent
vne longue pointe de fläme de feu,
comme s'il eust couru au trauers &
sommité du couppeau du Clocher
de sainct Paul, depuis l'Est iusques à
l'Ouest.Et aucũs de la paroisse sainct
Martin estãs pour lors en la rue sen-
tirent vn merueilleux & fort air, ou

vn

vn bruit de vent, auec vne puanteur
semblable au souffre, venant du Tem
ple de sainct Paul, auec vn merueilleux bruit des pierres qui tōboyent
du clocher dedans ledict Temple.
Enuiron entre quatre & cinq heures fut apperceu par plusieurs & diuers hommes, vne fumée passer par
dessoubs la pomme de l'esguille de
sainct Paul : & nommément par Pierre Iohnson, principal secretaire de
l'Euesque de Londres, lequel en ap-
porta les premieres parolles à la maison de l'Euesque. Mais soudainemēt
apres, & comme en vn moment la
flamme passa outre comme en vn
cercle rond tout à l'entour dudict
clocher, enuiron deux lances par esti
mation, par dessoubs la pomme de la
susdicte tour & esguille : & s'augmē-
toit le feu en telle façō, qu'en moins

d’vn quart d’heure, ou peu d’auenta-
ge, la croisée, & l’aigle ou cochet, qui
estoit au coupeau, tomba dessus l’allée ou soubs-aille du costé du Su, ou
Midy.   Monsieur le Maire, auec ses
côfreres, que l’on auoit enuoyé que-
rir, vint auec la plus grand’ diligence
qu’il fut possible, & feit la plus bref-
ue côsultation qu’on eust sceu faire
pour vn tel cas auec l’Euesque de Lõ
dres, & autres, pour trouuer le meilleur remede. Et lá arriua aussi Monsieur le Garde du grand seau, & Mõsi
eur le Thresorier, lesquels seigneurs
donnerent si bon ordre par leur auctorité & prudence, qu’il estoit possi
ble, veu la confusion eminente qui y
estoit. Là y en auoit aucuns expers
au faict de la guerre, lesquels estoyét
d’opinion qu’on abbatist le reste du
clocher auec canons, lequel conseil
fut

fut trouué mauuais & fort perilleux,
tant pour le feu qui seroit esparti ça
& là,que pour la ruine & destructiõ
du peuple, & des maisons voisines,

Autres voyans qu'il n'y auoit plus
de moyen,ny espoir de sauuer ledict
clocher, & considerans la grand' ar-
deur du feu, & le plomb qui couloit
& tomboit chauld, penserent que ce
estoit le meilleur d'auoir des eschelles pour escheller ledict Temple , &
auec haches mettre bas vne partie
du comble d'iceluy pour esteindre
le feu,& pour le moins sauuer partie
d'iceluy:ce qui fut conclud. Mais a-
uant que les eschelles, seaux, & bac-
quets,& autres engins,ou instrumēts
peussent estre apportez, & les choses
mises en aucun ordre:& specialemēt
à cause que le Temple estoit de telle
haulteur,qu'on ne le pouuoit esche-

B

ler, & aussi qu'on ne pouuoit trouuer nombre de haches suffisant : les
manouuriers furent par-troublez
pour la grand' multitude des gens
oyseux qui y estoient : & ce pendant
la plus grande & meilleure partie du
comble dudit Temple estoit en feu.

Premierement la cheute de la croisée & de l'aigle ou Cochet alluma
l'allée ou soubz-aille du costé du mi-
di : laquelle allee ou soubz-aille fut
incontinét cõsummée. les pieces de
bois tomberent de tous les costez dudict clocher toutes bruslátes, & mis-
rent le feu aux autres trois parties,
à scauoir, au cœur, à l'allée ou soubz
aille du costé du North, & au corps,
ou nef dudict Temple. Tellement
qu'en l'espace d'vne heure la tour &
pyramide dudict clocher fut bruslée
iusques au bas du bastimét des voultes, &

tes,& la plus grand' partie du hault
& comble dudict Temple semblable
ment côsumée. Voyât la chose ainsi
en desespoir, Monsieur le Maire fut
aduerti par vn nommé M. Vvinter,
qui estoit homme de marine, qu'on
eust à conuertir la part de ceste affaire pour preseruer le Palais de l'Euesque qui estoit ioignât ledit têple, sur
la fin du North ouest dudict temple:
pour ce que par ceste dicte maison,
laquelle est large, le feu se fust espan-
du, & par les rues prochaines & ioignantes: sur lequel endroict fut com
mandé aux manouuriers porter eschelles, seaux & baquetz, auec autres
engins & instrumens. Et ainsi auec
grâd diligence, vne partie du côble
de l'allée, ou soubz-aille du costé du
North, fut coupée, & le feu ainsi ar-
resté, & auec force eau, qui fut iettée,

ce cofté la fut eftainct : & ledict Palais ou maifon de l'Euefque preferuée. Le plaifir de Dieu fut alors, tel que le vent ceffa, & fut calme, lequel au parauant eftoit fort vehement, & continuoit toufiours haut & grád aux autres parties.

Hors la cité y auoit plus de cinq cens perfonnes, qui trauailloyent à porter & verfer de l'eaue. Plufieurs perfonnes des citoyés & des plus aifez trauailloyét comme f'ilz euffent efté pauures manouuriers : auffi faifoyent bien plufieurs gentilzhómes, defquelz les noms font congneuz à l'autheur : & entre autres le fufdict M. VVinter, & vn nommé M. Stranguifh donnoyent grand couraige aux autres, fe mettans en grand danger de leurs perfonnes. Sur le foir arriua de la court de Grenevvith Mófieur

sieur Clintō, & monsieur l'Admiral,
que la maiesté de la Royne enuoyoit
à monsieur le Maire, tout incontinēt
qu'elle eut aperceu la rage dudict
feu, pour l'amour & pitié qu'elle por
toit, tant audict Temple qu'à la cité,
pour aider & assister à l'extinction
dudict feu. Lequel Maire fist vn grād
bien par sa prudence & diligent tra-
uail audict affaire. Et enuirō dix heu
res du soir, la furie du feu passée, le
tymbre & comble estant cheu, brus-
loit sur les voultes de pierre, lesquelles voultes (louenge à Dieu) n'ont eu
aucun dommage: en telle façon qu'il
n'y a eu seulement que le tymbre &
cōble qui ait esté consūmé, & tout le
plomb fondu: tellement qu'il est de-
meuré la meilleure partie des deux
bassesallées ou soubzailles du cueur,
& vne piece de l'allée ou soubzaille

du North, & vne autre petite piece
de l'allée ou foubzaille du Su, ou midy audict corps ou nef dudict Temple. Or nous n'attendions plus autre
chofe de noftre bõ Dieu en fon cour
roux, finon qu'il luy pleuft d'auoir
fouuenance de fa mifericorde, voyás
que tout le dáger de ce grand & mer
ueilleux feu eftoit enclos dedans les
murailles feulement de cedict tẽple,
& non en autre endroit de la Cité:
laquelle cité par toute raifon & fens
humain eftoit en danger & peril de
totale ruine. Car à nul endroict de
ladicte cité, fauf qu'au fufdict Temple ne fut vcu ne apperceu aucun ba-
fton allumé. Et n'eft pas toutesfois à
penfer qu'il n'y euft en diuers lieux
& maifons ioignantes, & de longue
diftance (comme en la rue du Flete,
& au marché de Nevvgathe) par la
violence

violence du feu des charbons ardãs
de merueilleuſe grandeur, qui tom-
boient bas, quaſi auſsi eſpois que
pierres toutes entiéres, & de grandes
fueilles & lames de plomb ſoufflez
au loing, dedans les iardins, & hors
la Cité, comme grandz monceaux de
neige, ſans qu'aucun en ait eſté bleſſé,
Dieu mercy, ny aucune maiſon ga-
ſtée.

Pluſieurs faiſoyent des comptes,
& deuiſoyent enſemble de l'origine
& cauſe de ce feu. Aucuns diſoyent
que c'eſtoit par la negligéce des Plõ-
miers : ce qui n'a eſté trouué veritable, apres auoir le tout bien exami-
né. Il a eſté trouué que nul plõmier,
ny autre ouurier n'auoit beſongné
de ſix mois au parauant audit Tẽple.
Autres ſoupçonnoyent que cela e-
ſtoit aduenu par quelque meſchanté

practique de feu sauuage ou pouldre
à canon : mais il n'en fut rien trouué, cōbien qu'il en ayt esté faict gran
de enqueste. Autres disoyét que c'e-
stoyent quelques Sorciers ou Magi-
ciens, ce qui n'est vray-semblable. Et
encores qu'il fust ainsi, le Diable ne
l'eust peu ainsi faire sans la permissió
de Dieu, comme il appert en l'histoi
re de Iob. Et par ce cognoist on à la
verité que la vraye cause a esté la fou
dre, & tempeste que Dieu a promise
venir : car on n'en sçauroit autremét
penser, sinon que comme du susdict
grand & terrible esclat de tonnerre,
quand le Clocher de sainct Martin
fut abbatu, tout ainsi l'esclair (lequel
par ordre de nature frappe les plus
hautz lieux) frappa le coupeau du
clocher de sainct Paul, & entra par
quelques petitz troux, lesquelz a-
uoyent

uoyent touſiours eſté laiſſez pour
faire les reparations, & y dreſſer les
eſtablies, & trouuant le tymbre, &
faiſte fort vieil & ſec, s'alluma, & ſe
print en feu : & ainſi creut petit à petit, s'augmentant en vne grande flam
me, tellement qu'il s'en enſuiuit ceſte
lamentable & merueilleuſe ruine.

LE Dimáche prochain, qui eſtoit
le huictieſme iour de Iuin, le
Reuerend Eueſque de Dureſme, feit
vn fructueux ſermon en la croix de
ſainct Paul, lieu accouſtumé pour
preſcher, exhortant les auditeurs à
vne generalle repentance, & notam-
ment à vne humble obeiſſance aux
loix des ſuperieures puiſſances (laquelle vertu eſt grandemét decheue
en ces iours) feignant qu'il euſt quel
que intelligence que la Maieſté de la
Royne auoit intention de poſer loix

C

plus seueres pour estre executées cõtre les personnes desobeissantes, tant pour les causes de la religion, que pour les causes ciuiles. De quoy les auditeurs furent grandemét resiouis. Il exhortoit aussi le peuple de prendre cela comme vn geñeral aduertissement par tout le Royaume, & nõmément pour la cité de Londres, en signe de quelque grand' playe pour l'aduenir, s'il n'y a amendement de vie en tous estats. Il reprenoit fort aussi ceux lesquels vouloyent asseoir la cause de ce courroux de DIEV sur aucun estat particulier des hommes, ou à ceux lesquels font plus diligens de regarder les faultes des autres, & ne peuuent veoir les faultes d'eulx mesmes: mais desiroit que vn chascũ regardast à soy mesme, & dist auec le prophete royal Dauid, *Ego*
sum

sum qui peccaui, Ce suis-ie qui ay peché. Et ainsi pour-suyuoit en ceste matiere fort sainctement. Il ne reprouuoit pas seulement la prophanation de cedict temple de sainct Paul, de quoy lon auoit par cy deuãt abusé en s'y pourmenãt, faisant marchez, s'entrebatant : & ce durant le sermon & prieres Ecclesiasticques, Mais en passant respondoit aux objections d'aucunes mauuaises langues, lesquelles imputent que ce signe de DIEV estoit venu à cause des altercations, ou reformations de la religion : declarant que souuentesfois il en est aduenu de semblables, & par les anciennes histoires, Et mesme qu'au temps de superstition & ignorance, il en est aduenu de plus grandes : car au premier an du Roy Estienne, non pas seulement ce mesme

C ii

temple fut bruflé, mais auſſi grande
partie de la cité. C'eſt aſcauoir depuis le pont de Londres, iuſques à
ſainct Clémét, (hors le temple Barré)
fut tout conſumé par le feu. Et du
temps du Roy Henry ſixieſme, le clo
cher de ſainct Paul fut preſque ainſi
bruflé par vn eſclair de feu : ſans la
grande diligence des citoyens qui
eſtaignirent le feu, ioinct que ledict
feu n'eſtoit ſi fier, ny vehement, que
ceſtuy. Pluſieurs autres & ſembla-
bles calamitez il refera, leſquelles
eſtoyent aduenues en autres païs pro
chains, & loingtains de ce Royaume,
Et là ou l'Egliſe Romaine ha grande
auctorité. Et pourtant concluoit que
la plus ſeure voye eſtoit, qu'vn chaſ-
ſcun ſe iuge, examine, & s'améde ſoy
meſme : & embraſſe, croye, & enſuy-
ue la vraye parolle de DIEV, & fer-
mement

mement prie DIEV de deſtourner
loing de nous ſon ire, & indignation
que nous auons deſſeruie par nos mi
ſerables pechez, & que ce merueilleux œuure aduenu, eſt quaſi vn cer-
tain teſmoignage de noſtre feinte repentance. Duquel feu DIEV nous
garantiſſe ſelon nos eſtats, & degrez,
à la gloire de ſon nom, pour en fin
nous donner noſtre confort en Ieſus
chriſt noſtre ſauueur. Ainſi ſoit il.

PSALME ciiij.

Des vens auſſi diligens & legers
Faitz tes Heraulz, poſtes & meſſagers,
Et fouldre & feu, fort prõpts à ton ſeruice
Sont les ſergents de ta haute Iuſtice.

DE LA COGNOISSAN-
ce qu'on peult auoir de DIEV
par ses œuures.

Qui a sans peur ouy l'espouuantable
Bruyant esclat du tonnerre doutable
Faisāt chasteaux & grosses tours brāsler,
Tomber les boys & la terre trembler?

L'ire de Dieu, qui souuent se courrouce
De noz méfaits, ses traits enflāmez pousse
Pour esmouuoir les cœurs audacieux
A redouter la puissance des cieux.

On iugeroit estre chose incroyable
D'oüir compter de la fouldre effroyable
L'estrange force, & merueilleux exploits,
Qu'on voit forcer la nature & ses loix.

De mainte espée à maintefois la fouldre
Fourreau entier, reduicte fer en poudre,
Et maints corps d'hōme ont esté foudroyez
La chair entiere, & les os poudroyez.

O combien sont ses œuures admirables,
Ses faits parfaits, ses œuures redoutables,
Le moindre traict de sa puissante main
Passe l'esprit & le pouuoir humain.

Sonnet.

Souuët la fouldre, & l'orage & tõnerre,
Sur les plus hauts Cedres mõs & rochers,
Et sur les plus hauts esleuez clochers,
Tombent du Ciel, les ruant ius par terre.

Souuent aussi par la cruelle guerre,
Orgueil, peché sur la terre & les Mers,
Les fleaux de Dieu sõt aux hõmes amers,
Estans par trop superbes en la terre.

Les vns batus sont de verge de fer.
Aucuns liurez à ce gouffre d'enfer:
Les autres sont menacez de feu d'ire,

Lisez, lisez ce mien petit traicté,
Vous y verrez en pure verité,
Cas merueilleux qui craïdre Dieu inspire.

Huictain.

A My lecteur achete ce discours,
Contenant chose admirable &
　　hautaine.
Tu y verras ton heure estre incertaine :
Et qu'vn seul DIEV compte, & nõ-
　　bre tes iours.
En le lisant te souuiendra tousiours
De la cité de Sodome, & Gomorre :
Et qu'en peril est de feu sans secours,
Qui vn seul DIEV en crainte, & Foy
　　n'adore.